石油石化企业劳动防护用品系列口袋书

手部、足部防护

中国石油化工集团有限公司安全监管部
中国石油化工集团有限公司劳动防护用品检测中心 组织编写

中国石化出版社

内 容 提 要

本书是《石油石化企业劳动防护用品系列口袋书》丛书之一，采用漫画与文字相结合的形式对石油石化企业所主要面临的手部和足部职业危害因素特点、主要防护用品及其使用维护保养等知识进行描述。本书语言简洁、通俗易懂、图文并茂，适合作为石油石化企业一线员工培训教材。

图书在版编目（CIP）数据

石油石化企业劳动防护用品系列口袋书 . 手部、足部防护 / 中国石油化工集团有限公司安全监管部，中国石油化工集团有限公司劳动防护用品检测中心组织编写 . —北京 : 中国石化出版社，2020.5

ISBN 978-7-5114-5779-0

Ⅰ. ①石… Ⅱ. ①中… ②中… Ⅲ. ①石油企业 - 手 - 个体保护用品②石油企业 - 足 - 个体保护用品 Ⅳ. ① X924.4

中国版本图书馆 CIP 数据核字 (2020) 第 072843 号

中国石化出版社出版发行

地址：北京市东城区安定门外大街 58 号
邮编：100011　电话：(010) 57512500
发行部电话：(010) 57512575
http://www.sinopec-press.com
E-mail:press@sinopec.com
北京富泰印刷有限责任公司印刷
全国各地新华书店经销
*
787 × 1092 毫米 32 开本 3 印张 45 千字
2020 年 5 月第 1 版　2020 年 5 月第 1 次印刷
定价：30.00 元

《石油石化企业劳动防护用品系列口袋书》

编 委 会

《手部、足部防护》编委会

主　　编：杨　雷　付　文

副 主 编：赵　忠　于浩然

编写人员：杨　雷　付　文　赵　忠　于浩然
王晓宇　于新民　李　艳　盛　华
延　帅　陈雪坤　刘桂法　孙丙运
王建成　单国良　王铁成　季学松
姚晓杰　马宏亮　白雪飞　沈绍军
王卫涛　王　勇　刘友恒　张　蕾
李　云　隋　聪

序

劳动是整个人类生活的第一个基本条件，它既是人类社会从自然界独立出来的基础，又是人类社会区别于自然界的标志。由于安全是人的最基本的生理需求，所以自生产劳动之始，劳动保护措施和劳动防护用品就应运而生，这是古代劳动人民对生产劳动中无数次血的教训的总结。我国在西周至西汉时期采矿和炼铜业已相当发达，在巷道支护、矿石运输、通风、排水等各个方面都采取了安全措施，如采用了框架式支护技术防止冒顶片帮。北宋建筑学家喻皓主持建造11层的汴京开宝寺塔时，每一层都设置一帷幕，起到了安全网的作用。第一次工业革命以后，广泛的生产机械化对劳动保护提出了更高要求，而我国这一时期的劳动保护工作随着社会整体生产水平一起远远落后于西方国家。

改革开放以来，我国社会生产力不断快速发展，劳动保护工作愈来愈得到重视，伴随而来的是市场上劳动防护用品种类、性能、质量、舒适性等都在飞速进步。不管是国际知名品牌的劳动防护用品，还是我国自主品牌的劳动防护用品，为最大程度发挥保护作用，都针对员工的具体工作环境，向着所需防护功能集合化、智能化发展。这就对员工选择、使用、维护保养防护用品提出了更高要求。目前，我国劳动保护工作与世界发达国家存在差距，很重要的一部分就是对员工的基础培训不到位，能够正确选择、使用、维护保养防护用品的员工在全部劳动者中占比偏低，这成为了劳动保护工作的短板。

石油石化行业危险性高，危害因素复杂，是需要落实劳动保护工作的重点领域。鉴于此，中国石油化工集团有限公司安全监管部会同劳动防护用品检测中心组织人员编写了《石油石化企业劳动防护用品系列口袋书》。本系列口袋书按照劳动防护用品的分类进行编写，对目前员工常用的劳动防护用品的相关知识进行描述，主要包括劳动防护用品的选用原则、正确使用方法、维护保养方法、使用周期、相关标准以及具体案例，并配以简单易懂的图片，方便劳动者理解和使用。

希望本系列口袋书能够为石油石化行业劳动者合理选择使用劳动防护用品提供指导和帮助，更好地保护劳动者的生命安全和健康。

前 言

在石油石化企业中，员工无论是从事上游的石油与天然气勘探开发、开采、管输、销售等工作，还是从事下游的石油炼制、石油化工、化纤、化肥等工作，涉及岗位多，现场作业环境复杂，导致员工工作面临众多手部及足部的职业危害因素，如手部的割伤、化学药剂的腐蚀，足部的砸伤、刺伤等，一旦发生事故，极易造成人员的伤残，给员工的生活带来极大的不便。因此在作业过程中，员工必须掌握手部及足部防护用品的分类、组成、使用、维护保养方法等，切实做好手部及足部防护，避免事故发生。

鉴于此，为了让员工掌握石油石化企业所存在的手部、足部职业危害及其防护相关知识，本书就如下问题进行了详细描述。

- 石油石化企业存在哪些手部、足部职业危害？
- 手部、足部防护用品是如何分类的？
- 如何选用不同类别的手部、足部防护用品？
- 如何正确佩戴使用手部、足部防护用品？
- 手部、足部防护用品的维护保养及存放应注意哪些事项？

目录

第一部分 手部防护

第二部分 足部防护

第一部分

手部防护

1 危害因素

石油石化企业涉及的手部伤害主要分为机械伤害、化学伤害、高低温伤害、触电伤害和其他伤害，如割伤、化学灼伤、烧烫伤、电弧灼伤等，这些伤害普遍存在于石油石化企业诸多岗位中。

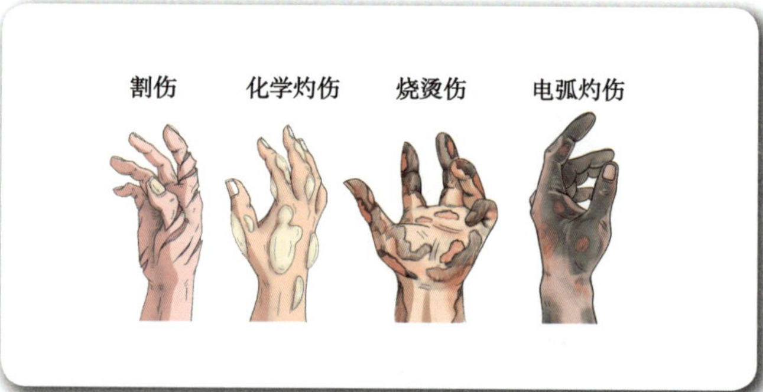

2 分类与选择

员工应结合所在作业环境或作业过程中产生危害的评价结果，按照下列步骤，选择合适的防护手套。

第一步，根据手套的性能需求，选择合适的材质；

第二步，根据作业防护需求，确定需要的防护手套类型；

第三步，查阅产品标准要求，选择合适的防护范围且尺寸得当、佩戴舒适的手套；

第四步，考虑手套的可重复适用性、维护条件，验证手套的适用性。

1. 常见的防护手套种类

手套种类	防护的有害因素	适用作业举例	图片示例
机械危害防护手套	摩擦、切割、撕裂、穿刺	破碎、重物搬运、切割等作业，例如钻井作业、油管修理、管道维修等	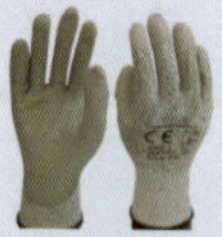
防振手套	手持振动机	机械震源操作等	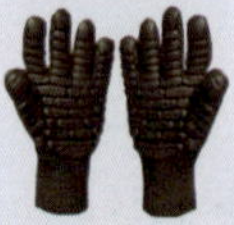
带电作业用绝缘手套	电击	接触带电部分的作业，或身体的任一部分或使用的工具、装置、设备进入带电作业区域内的作业，例如高、低压线路作业或设备带电维修作业	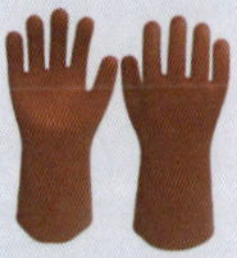
防电弧手套	电弧	发电、输电、变电、配电和用电过程中从事运行、调试、检修和维护等相关作业场所，例如变电运行、发电、输配电作业等	
防静电手套	易燃易爆	接触易挥发易燃的液体及化学品、可燃性气体作业，接触可燃性化学粉尘的作业，例如催化剂制造、炼化检维修、油库（加油站）作业等	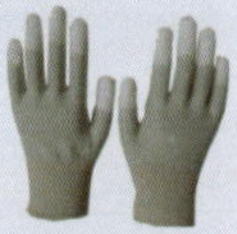
耐酸碱手套	酸碱液	手部接触酸、碱或者需要进入酸、碱液中工作，例如化学助剂（含酸碱等）添加作业、配液、酸化作业、装置检维修作业	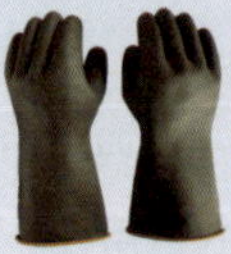

续表

手套种类	防护的有害因素	适用作业举例	图片示例
防化学品手套	化学品	生产或使用硫酸、盐酸、硝酸、液体强碱、固体强碱、高锰酸钾等的作业，例如污水处理作业、炼油操作、催化剂制造、化工操作等	
焊工防护手套	小颗粒熔融金属	电弧焊、气焊作业	
辐射防护手套	X 射线	存在电离辐射的作业场所作业，例如射线探伤、放射源运输、安装、计量、检测，医用 X 射线透视、摄片以及钻井、测井等作业	
防寒手套	低温	在冷库、冷冻车间工作、冷水作业和冬季露天作业（室外巡检、维修），以及涉及液氧、液氮等液态气体的作业	
防热伤害手套	高温	作业环境存在热的液体、气体对人体的烫伤，热的固体与人体接触引起的灼伤，火焰对人体的烧伤以及炽热源的热辐射对人体的伤害，例如锻工作业、锅炉作业等	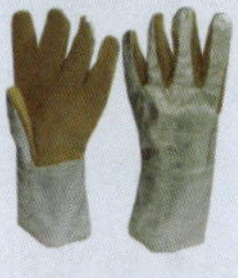
耐油手套	油脂刺激	接触矿物油、植物油以及脂肪族的各种溶剂油作业，例如钻井作业、测井测试、物探、采油、装卸油作业	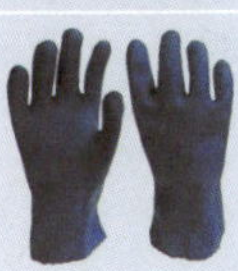

注：接触易燃易爆化学品时，同时佩戴防化学品手套和防静电手套，或具有防护相关化学品的防静电手套。

2. 选择防化学品手套应注意的问题

• 查阅资料或说明书，了解手套的性能。

• 手套是否要求具有防渗透性能，如果防渗透性能是必需的，应根据持续接触化学品可接受的最短透过时间选择。

• 作业环境中是否接触会导致手套降解的化学品。

• 作业环境中的机械伤害是否会影响手套防御化学品的性能。

3 穿戴与使用

1. 一般原则

（1）任何防护手套的防护功能都是有限的，使用者应了解所使用防护手套功能的局限性。

（2）严格按照产品说明书进行使用，不应使用超过使用期限的手套。

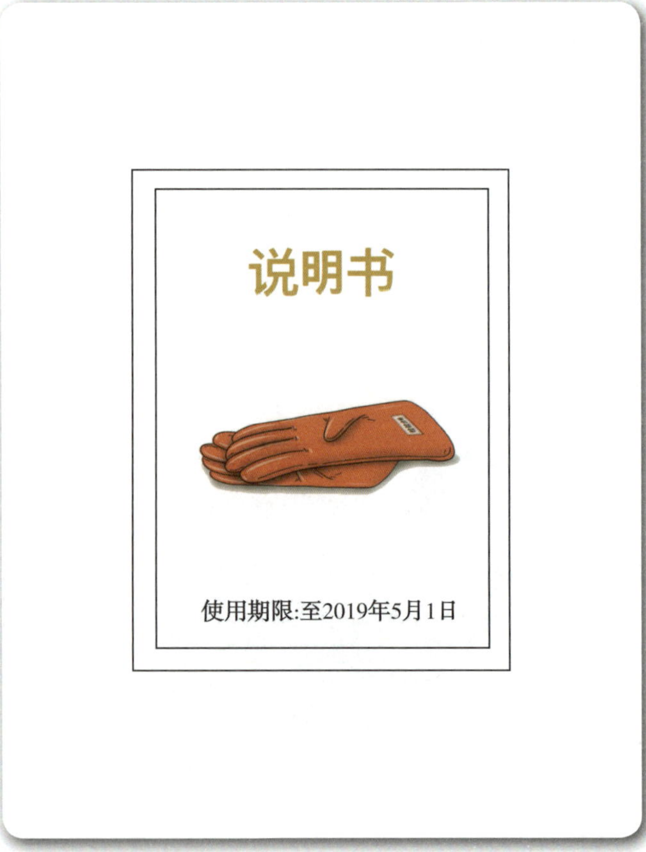

（3）正确佩戴防护手套，避免同一双手套在不同作业环境中使用。

（4）操作转动机械设备作业时，禁止使用编织类防护手套。

（5）佩戴手套时应将衣袖口套入手套内，以防发生意外。

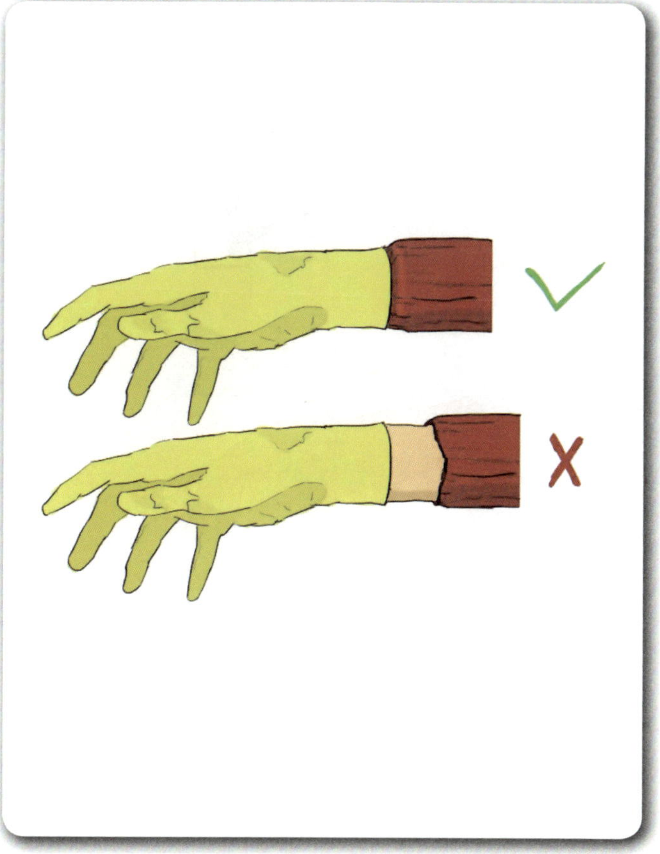

（6）手套使用前后应清洁双手。

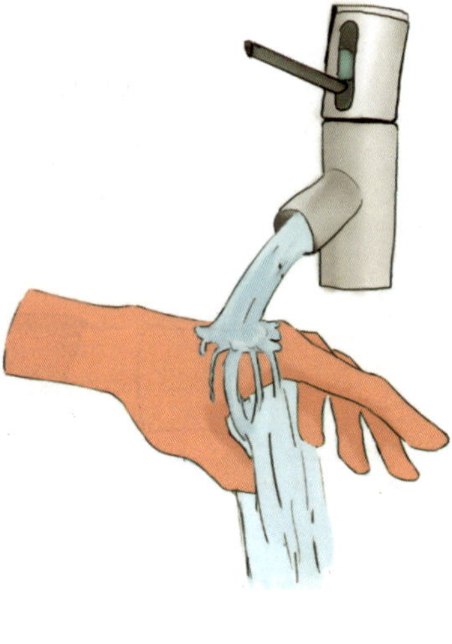

（7）不应与他人共用手套（不包括带电作业用绝缘手套）。

2. 使用前后的检查

（1）应检查防护手套有无明显缺陷，损坏的防护手套不允许继续使用。防护手套出现下列情形应报废处理，更换新的防护手套。

- 无产品合格证，超出有效期。

- 渗透。

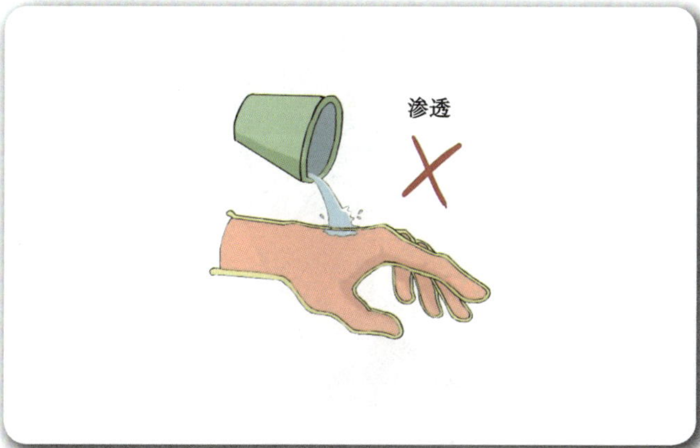

- 裂痕。

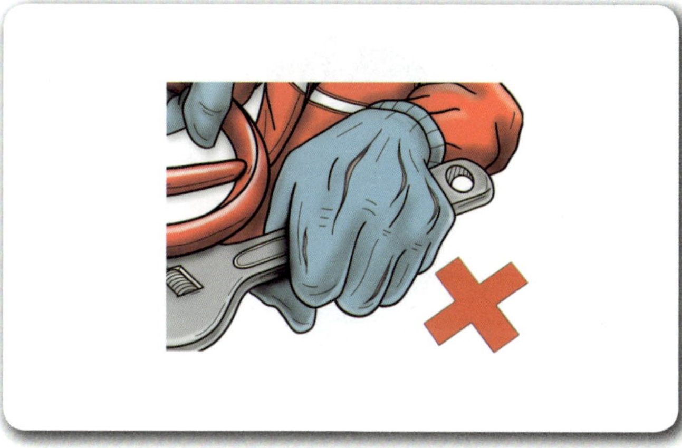

- 缝合处开裂。

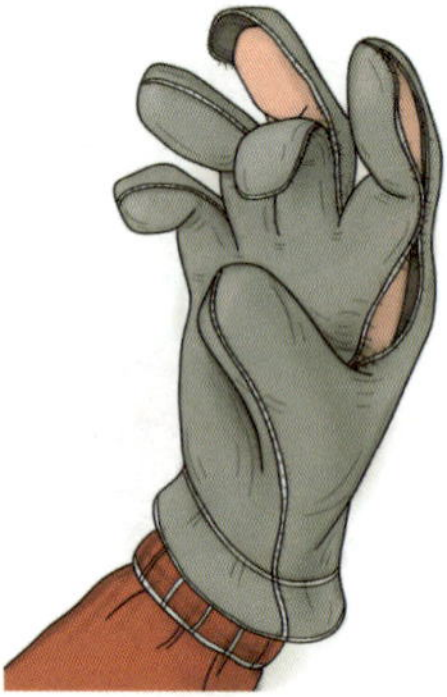

- 严重磨损。

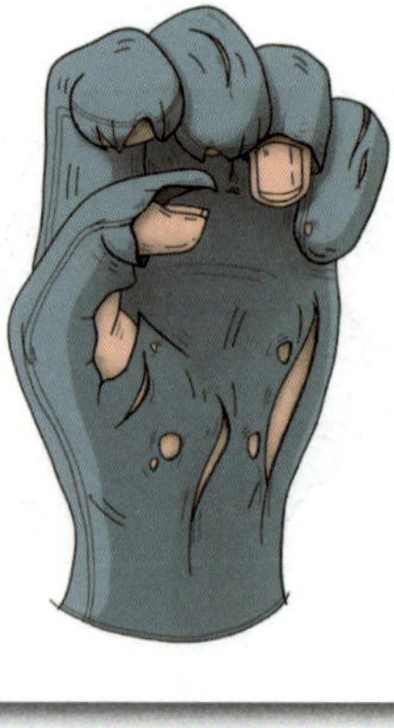

- 变形、烧焦、融化或发泡。

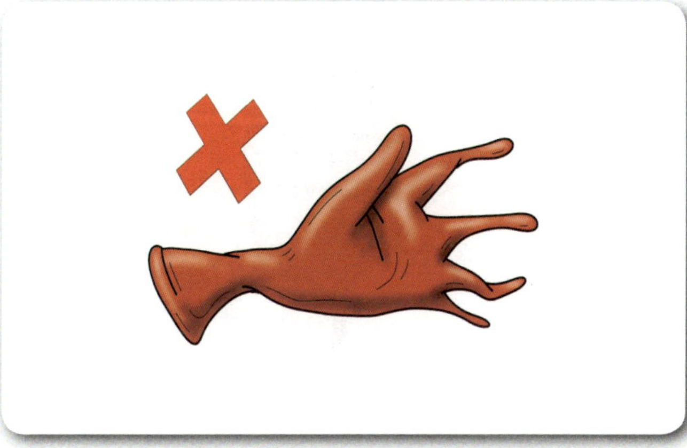

- 僵硬、洞眼。

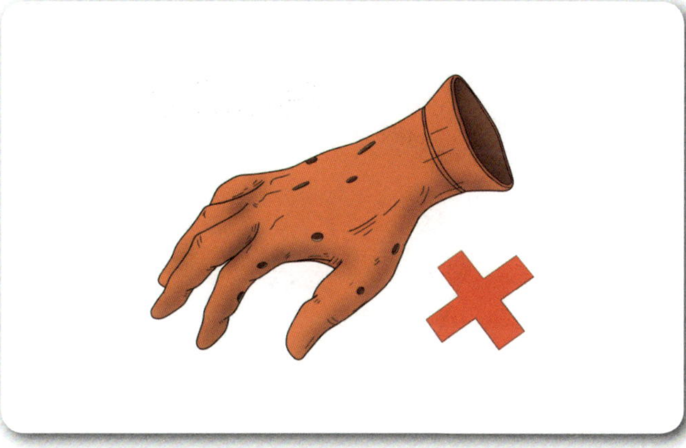

- 发黏或发脆。

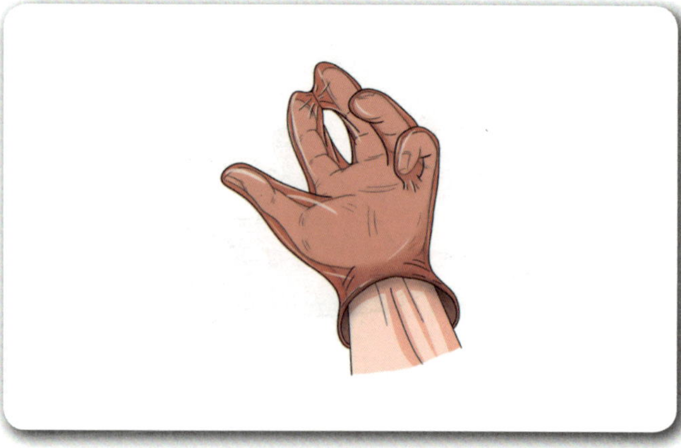

- 产品说明书要求更换的情形。

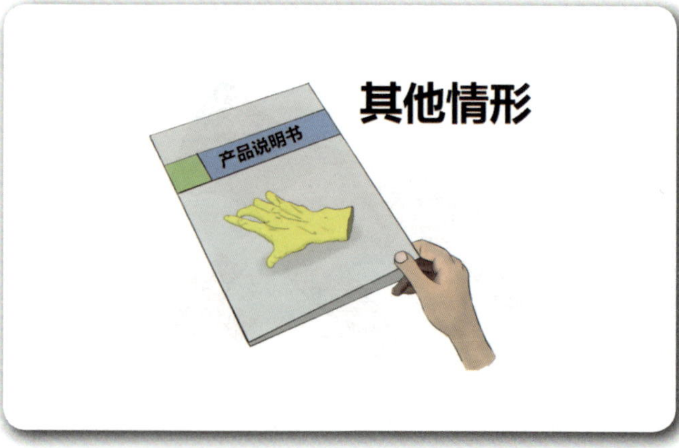

（2）带电作业用绝缘手套或防化学品手套可用充气法进行检查，带电作业用绝缘手套应每 6 个月进行预防性电气试验，并贴附检验合格标签。

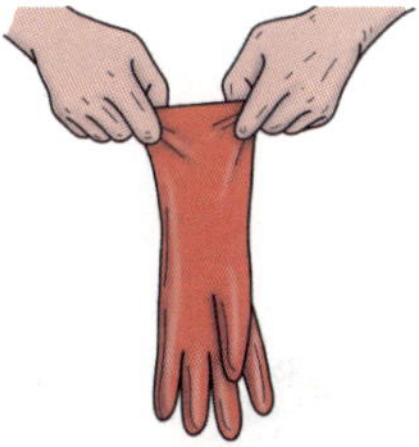

抓住袖口，向手套内伸出大拇指，使袖口稍微舒张。

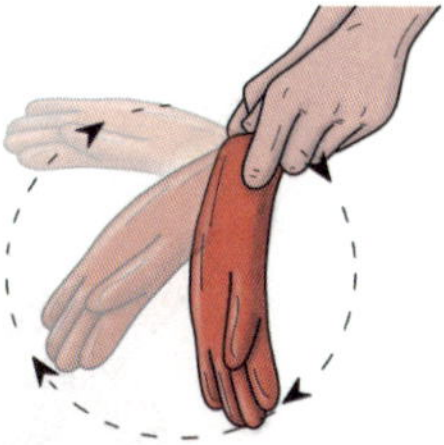

向内旋转手套 2~3 次，使手套充气并膨胀、放大。

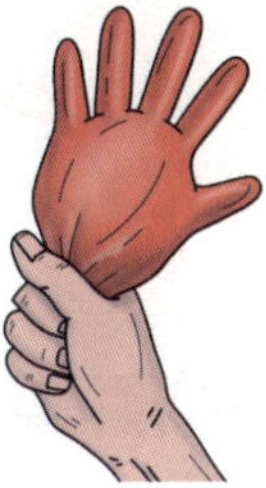

用手捏住手套，表面处于膨胀放大的状态，仔细检查手套表面是否存在变色、开裂、变硬、发脆或漏气等现象。

（3）有液密性和气密性要求的手套表面出现不明显的针眼，可以采用充气法将手套膨胀至原来的 1.2~1.5 倍，浸入水中，检查是否漏气。

3. 使用中的注意事项

（1）防静电手套应直接贴手穿戴，并根据防静电环境需要，与其他防静电装备配套穿戴；禁止在防静电手套上附加或佩戴任何金属物件；禁止在易燃易爆场所穿脱手套。

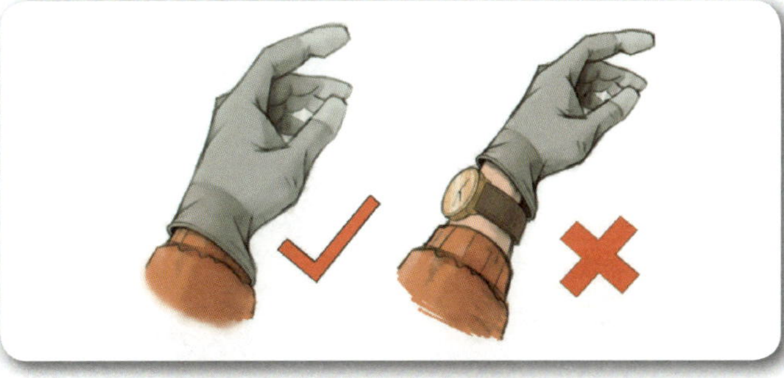

（2）防护手套使用过程中沾染上有毒物质无法重复使用时，可按以下方法脱掉防护手套，避免接触皮肤和衣服，造成二次污染。

①将其中一只手套从指尖拉下。

②将脱下部分变成球状。

③用已经脱下的手套口拉住另一个手套袖口。

④将第二只手套内外翻转拉出并覆盖包裹第一只手套口。

（3）焊工防护手套若潮湿、脏污或汗水浸透，将增加触电风险，应及时更换；严禁将焊工防护手套当作带电作业用绝缘手套使用。

（4）防电弧手套不可用于熔融金属喷溅、化学物品喷溅、高温液体、消防等领域的防护，不可替代专业绝缘产品。

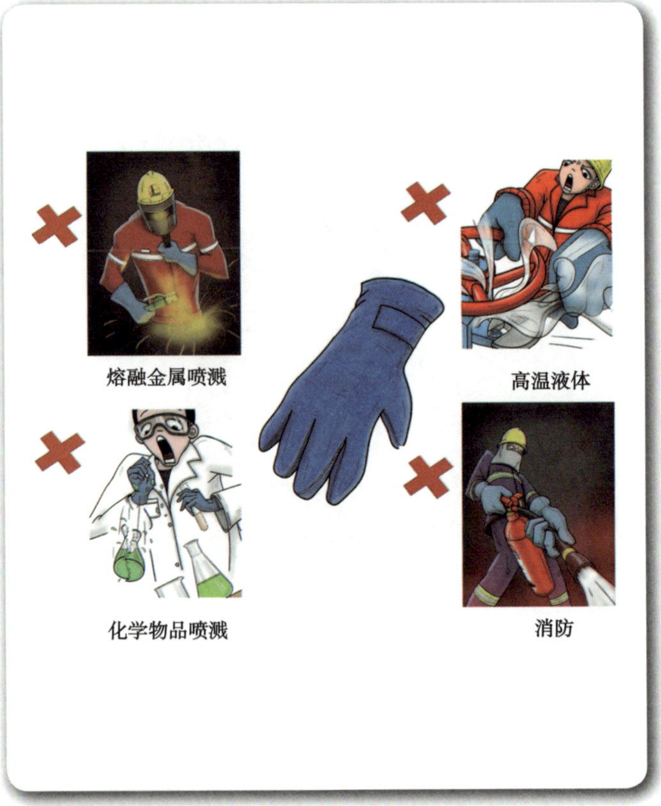

4 维护与保养

手套使用后佩戴者应清洁并检查防护。手套类型不同，维护与保养方法也不一样，具体如下：

1. 机械危害防护手套

（1）清洗

- 清洗前，请认真阅读产品说明书，确认是否可以清洗。

• 清洗时，避免使用腐蚀性清洗液；在水中简单漂洗，避免破坏表面涂层，然后风干。

（2）存放与保养

在干燥、避光、室温的环境中存放，同时避免化学物品的侵袭。

2. 带电作业用绝缘手套

（1）清洗

要用肥皂和水温不超过65℃的清水冲洗，然后干燥并涂上滑石粉。

（2）存放与保养

- 手套应储存在专用箱内，避免阳光直射、雨雪浸淋，防止挤压和尖锐物体碰撞。

● 禁止手套与酸、碱、油或其他有害物质接触、并距离热源 1m 以上。储存环境温度宜为 10 ~ 21℃。

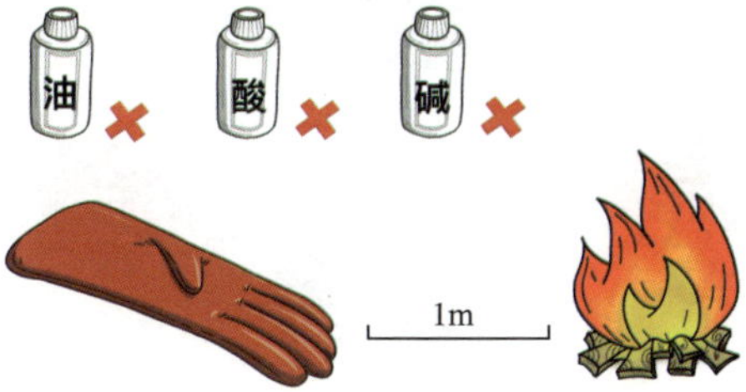

3. 防电弧手套

（1）清洗

• 防电弧手套可机洗或手洗，使用中性洗涤剂，勿用漂白剂和柔软剂，勿与其他衣物一同洗涤。

• 晾干时避免长时间暴露在日光或荧光灯下，以防紫外线对其性能的损害。

（2）存放与保养

手套不得与有腐蚀性的物品放在一起，存放处应避光、干燥通风，以免霉变、虫蛀。

4. 防静电手套

（1）清洗

常用的橡胶、塑料等防静电手套用后应用水冲洗干净、晾干。

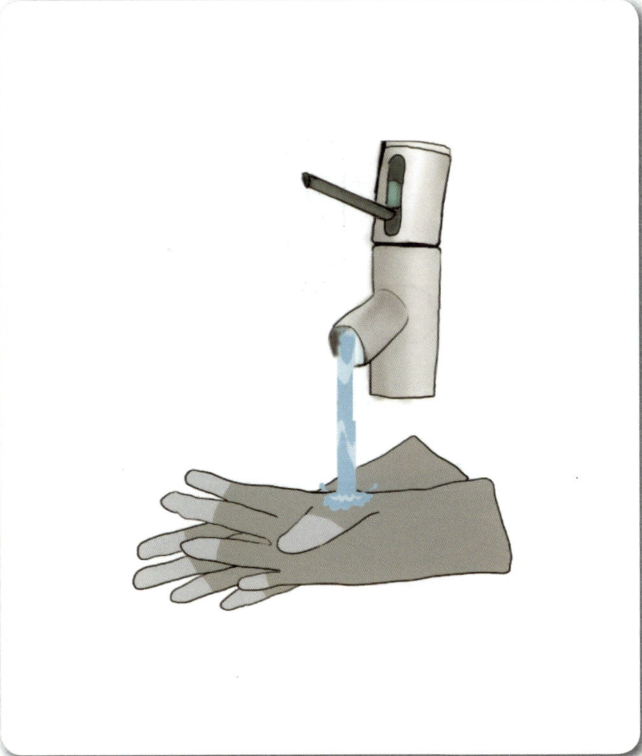

（2）存放与保养

手套应储存在通风良好、干燥的地方，避免受潮及日晒，不得折叠，不得与酸、碱、油及腐蚀性物体存放在一起，可以在手套上撒上滑石粉以防粘连。

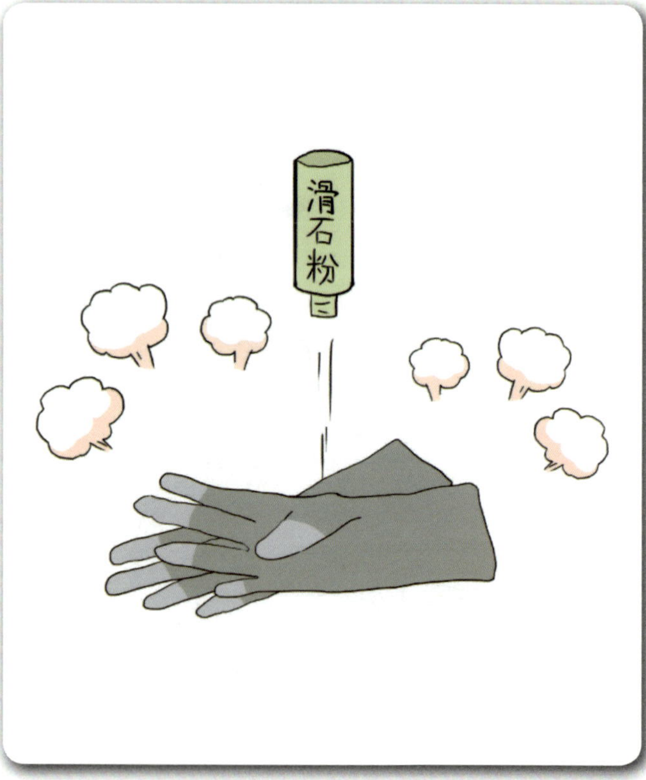

5. 耐酸碱手套

（1）清洗

摘下手套前需先清洁手套外表；手套可以在流动的水中漂洗，然后风干。

（2）存放和保养

存放在通风良好的环境中，远离油、酸、碱类或其他有腐蚀性的物质，1m 之内不能出现热源，储存温度为 −15~30℃。

6. 防化学品手套

（1）清洗

● 摘下手套前需先清洁手套外表；手套可以在流动的水中漂洗，然后风干。

• 化学物质残留较大时，应选择洗洁精等中性洗涤剂进行清洗；避免使用腐蚀性清洗液。

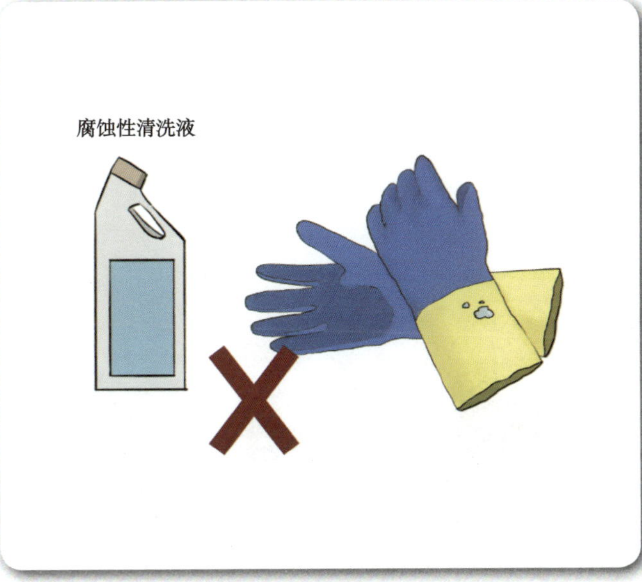

（2）存放与保养

在干燥、避光、室温的环境中存放，同时避免化学物品的侵袭。

7. 焊工防护手套和防寒手套

(1) 清洗

用肥皂水清洗，清洗完后立即擦拭表面的水珠，然后风干。

（2）存放与保养

储存在通风、防霉、防蛀虫、干燥的场所，避免与酸、碱、油及有腐蚀性物品存放在一起。

8. 防热伤害手套

（1）清洗

清洗前应查看使用说明书，了解是否可以清洗；可以清洗的手套使用水洗，也可使用中性洗涤剂，洗涤后晾干。

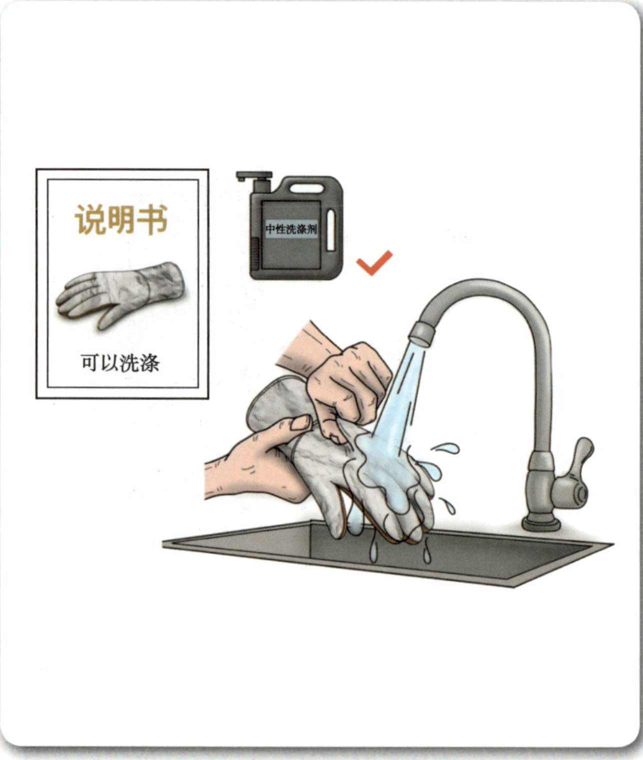

（2）存放与保养

手套应储存在通风、干燥处，避免受潮及日晒，不得与酸、碱、油及腐蚀性物体存放在一起，切勿重压。

9. 耐油手套

（1）清洗

用中性洗涤剂清洗，清洗完后立即擦拭表面的水珠，然后风干。

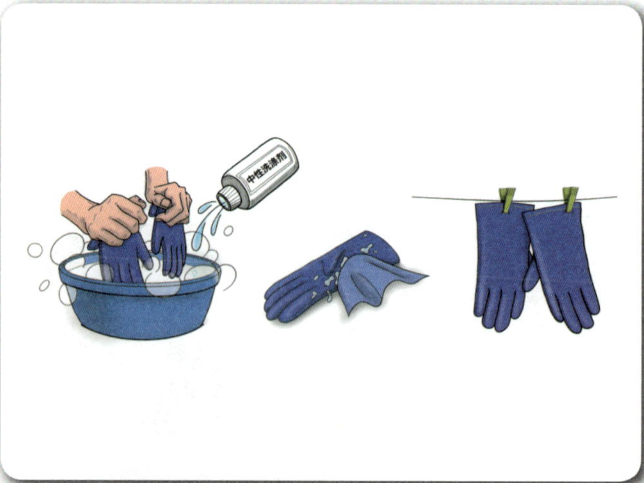

（2）存放与保养

手套禁止与油、酸、碱等影响质量的物质接触，并距离热源 1m 以上。

10. 其他

防振手套、辐射防护手套请在专业人员指导下清洗维护。

5

典型事故案例

1. 某化工企业碱液蒸汽灼伤事故

事故经过：

某化工企业碱洗工段操作人员张某在巡回检查时，发现碱液配置罐至碱液储罐地面管线阀门填料漏液，于是，与检修工李某进行更换阀门填料作业。为方便操作，李某将防酸碱手套摘下，阀门螺栓卸松后，从阀门填料的密封处喷出夹带碱液的蒸汽，将李某手部灼伤。

事故原因：

检修工李某在作业过程中未按规定佩戴防护手套。

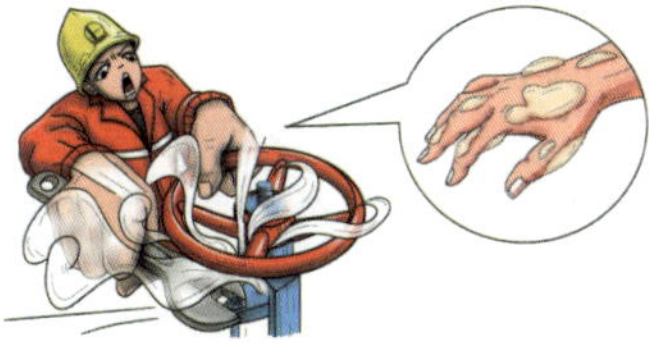

2. 某工厂化验室化学品灼伤事故

事故经过：

某工厂中心化验室副组长朱某在溶液室配置氨性氯化亚铜溶液，在量取氯化亚铜溶液放入平底烧瓶中后，需加入氨水。朱某误将浓硫酸当作氨水倒入烧杯中，溶液发生剧烈反应，烧杯炸裂，溶液溅到手上，造成手部灼伤。

事故原因：

配置溶液的过程中，没有仔细查看试剂瓶标签就使用试剂，未佩戴劳动防护用品，造成灼伤。

第二部分

足部防护

1

危害因素

石油石化企业主要涉及的足部伤害有重物砸伤、尖锐物体刺伤、灼烧或腐蚀性物质喷溅等。这些伤害普遍存在于石油石化企业诸多岗位中。

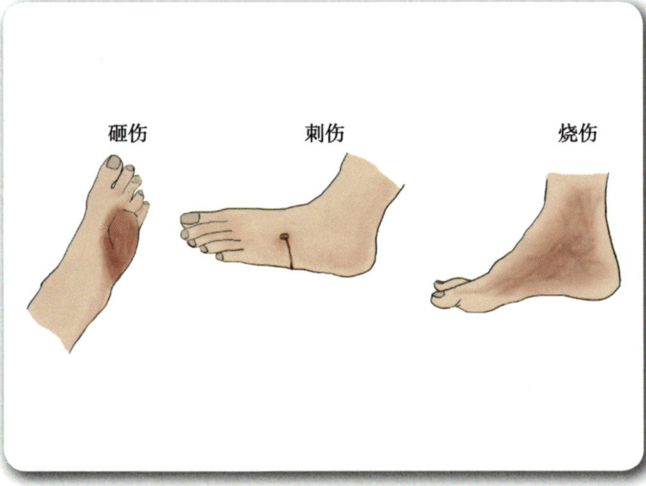

2

分类与选择

1. 足部防护鞋（靴）分类

常见足部防护鞋（靴）分类及相关信息见表 2–1。

表 2–1　常见足部防护鞋（靴）相关信息一览表

种类	防护的有害因素	适用作业举例	图片示例
保护足趾鞋（靴）	机械伤害	存在坠落物打击足趾、与坚硬的物件相撞、被滚动的坚硬物件碰伤的作业，例如钻井作业、油管修理等	
防刺穿鞋（靴）		工作平面上可能存在对工作者脚部或腿部产生刺伤伤害的作业，例如各类施工、检修现场作业	
防静电鞋（靴）	易燃易爆物质	接触 GB 13690—2009《化学品分类和危险性公示　通则》中具有爆炸、可燃危险性质化学品的作业，例如催化剂制造、炼化检维修、油库（加油站）作业等	

续表

种类	防护的有害因素	适用作业举例	图片示例
导电鞋（靴）	易燃易爆物质	用于对人体静电更敏感的可能发生火灾或爆炸的作业场所	
电绝缘鞋（靴）	触电	接触带电部分的作业，或身体的任一部分或使用的工具、装置、设备进入带电作业区域内的作业，例如高、低压线路作业或设备带电维修作业	
耐化学品鞋（靴）	化学	生产或使用硫酸、盐酸、硝酸、氢氟酸、液体强碱、固体强碱、高锰酸钾等的作业，例如污水处理作业、炼油操作、催化剂制造、化工操作等	
低温作业保护鞋（靴）	低温	在冷库、冷冻车间工作、冷水作业和冬季露天作业(室外巡检、维修)，以及涉及液氧、液氮等液态气体的作业	
高温防护鞋（靴）	高温	作业环境存在热的液体、气体对人体的烫伤，热的固体与人体接触引起的灼伤，火焰对人体的烧伤以及炽热源的热辐射对人体的伤害，例如锻工作业、锅炉作业等	
焊接防护鞋（靴）		焊接作业等高温作业可能导致足部烫伤、灼伤，例如电焊、气焊作业	

续表

种类	防护的有害因素	适用作业举例	图片示例
防滑鞋（靴）	滑倒	滑倒可能导致严重的摔伤、碰伤甚至死亡的作业场所	
防振鞋（靴）防水鞋（靴）耐油鞋（靴）多功能防护鞋（靴）	其他	振动、积水或滴水的潮湿环境；油类作业区域或以上作业的组合环境等	

2. 足部防护鞋（靴）选择

（1）基于防护需求的选用原则

进入作业现场前，应对被识别的有害环境进行风险评价，根据员工的作业环境危害因素、劳动强度和穿用时间，以及季节和所在地域的气候特点，选择不同防护功能、不同季节及不同款式的劳动保护鞋。对于存在多种风险因素的情况，选择的劳动保护鞋应尽可能同时防御各种风险因素。石油石化企业典型工种与劳保鞋适用款式及防护功能见表 2-2。

表 2-2　石油石化企业部分典型工种与劳保鞋适用款式及防护功能一览表

典型工种	主要防护功能参考	可选择的劳保鞋款式	
炼化企业内操人员	防静电	单鞋	EVA 皮布结合款低帮单鞋
			防静电皮鞋
		棉鞋	EVA 皮布结合款高腰棉鞋
炼化企业外操人员	防静电 + 保护足趾	单鞋	EVA 皮布结合款低帮单鞋
			PU 皮布结合款低帮单鞋
			PU 全皮款低帮单鞋
		棉鞋	EVA 皮布结合款高腰棉鞋
			PU 皮布结合款高腰棉鞋
			PU 全皮款高腰棉鞋
炼化企业检维修人员	防静电 + 保护足趾 + 防刺穿 + 耐油	单鞋	PU 全皮款低帮单鞋
			PU 全皮款高腰单鞋
			PU 全皮款半筒单靴
		棉鞋	PU 全皮款高腰棉鞋
			PU 全皮款半筒棉靴
酸化压裂人员	防静电 + 保护足趾 + 耐酸碱 + 防水	单鞋	PU 全皮款高腰单鞋
			PU 全皮款半筒单靴
		棉鞋	PU 全皮款高腰棉鞋
			PU 全皮款半筒棉靴
海上平台作业人员	防静电 + 保护足趾 + 防刺穿 + 耐油 + 防水	单鞋	PU 全皮款高腰单鞋
			PU 全皮款半筒单靴
		棉鞋	PU 全皮款高腰棉鞋
			PU 全皮款半筒棉靴

续表

典型工种	主要防护功能参考	可选择的劳保鞋款式	
钻井及井下作业人员	防静电 + 保护足趾 + 防刺穿 + 耐油 + 防水	单鞋	PU 全皮款高腰单鞋
			PU 全皮款半筒单靴
		棉鞋	PU 全皮款高腰棉鞋
			PU 全皮款半筒棉靴
测井、录井、固井人员	防静电 + 保护足趾 + 耐油	单鞋	PU 全皮款低帮单鞋
			PU 全皮款高腰单鞋
			PU 全皮款半筒单靴
		棉鞋	PU 全皮款高腰棉鞋
			PU 全皮款半筒棉靴
加油（气）员	防静电	单鞋	EVA 皮布结合款低帮单鞋
			防静电布鞋
			防静电皮鞋
		棉鞋	EVA 皮布结合款高腰棉鞋
			防静电棉皮鞋
巡线人员	防静电	单鞋	EVA 皮布结合款低帮单鞋
		棉鞋	EVA 皮布结合款高腰棉鞋
采油（气）工	防静电 + 耐油	单鞋	PU 全皮款低帮单鞋
			PU 皮布结合款低帮单鞋
		棉靴	PU 全皮款高腰棉鞋

续表

典型工种	主要防护功能参考	可选择的劳保鞋款式	
建设施工人员	防静电 + 保护足趾 + 防刺穿	单鞋	PU 全皮款低帮单鞋
			PU 全皮款高腰单鞋
			PU 全皮款半筒单靴
		棉靴	PU 全皮款高腰棉鞋
			PU 全皮款半筒棉靴
机械加工、机械维修人员	保护足趾 + 防刺穿	单鞋	PU 全皮款低帮单鞋
			PU 全皮款高腰单鞋
			PU 全皮款半筒单靴
		棉鞋	PU 全皮款高腰棉鞋
			PU 全皮款半筒棉靴
机关后勤人员	防静电	单鞋	防静电皮鞋
		棉鞋	防静电棉皮鞋
	基本防护功能	单鞋	普通劳动工作单鞋
		棉鞋	普通劳动工作棉鞋

注：

1. 本表所列防护功能为参考内容，企业应根据实际作业环境和危害因素对防护功能进行确定，避免防护不足或过度防护。

2. 防静电布鞋不适用于野外、山区及地面湿滑的作业环境。

3. 雨季野外作业及需要长时间浸泡较深（水深高度超过成鞋外底高度）水中的作业人员，应配发带有保护足趾和防刺穿功能的胶靴。

4. 具备防水功能的安全鞋其透气效果较差，企业应结合实际作业环境进行选择。

5. 高处作业人员原则上禁止穿硬底或带钉易滑的鞋进行高处作业。

6. 企业可根据需要对防护功能进行增加。

（2）基于人体工效特征的选用原则

当选择足部防护鞋（靴）时，应考虑人体工效特征，基本指标包括鞋（靴）的质量、舒适性和透气性等。足部防护鞋（靴）首先应穿着舒适，并考虑以下因素：

- 保护包头不应夹脚。

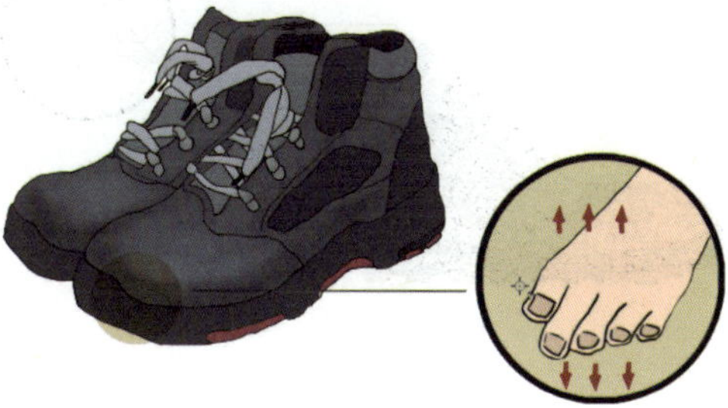

- 鞋舌有软内垫，缓解对脚背的压力。

• 内衬和内底应采用透气材料，并可增加抗菌功能，避免细菌感染。

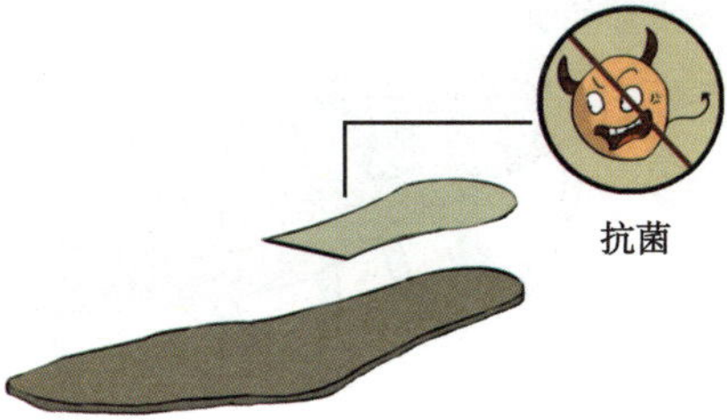

● 皮革类防护鞋（靴）应具有良好的透气性能和吸水性能，以改善鞋（靴）内潮湿环境。

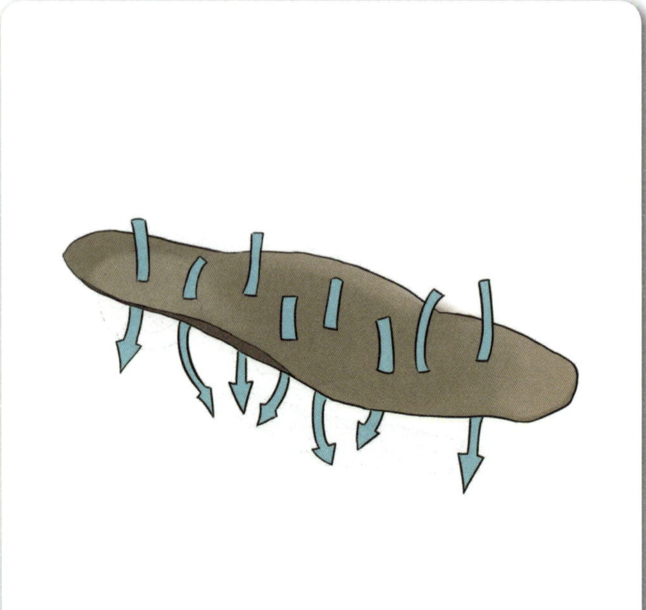

（3）选用流程

一是，根据足部伤害因素中最大危害程度、危害范围、持续时间等，选择适合人体工效特征的足部防护鞋（靴）。

二是，评估足部防护鞋（靴）在工作中是否会带来其他伤害，如果妨碍工作或带来伤害将重新进行选择；识别造成足部伤害的主要因素。

3 穿戴与使用

应正确穿着足部防护鞋（靴），鞋带必须系牢，后跟部位要提好，不准拖拉，避免以下情况：

- 赤脚穿着安全鞋；

• 将安全鞋当作拖鞋穿，损坏鞋后帮；

• 不系鞋带穿着安全鞋。

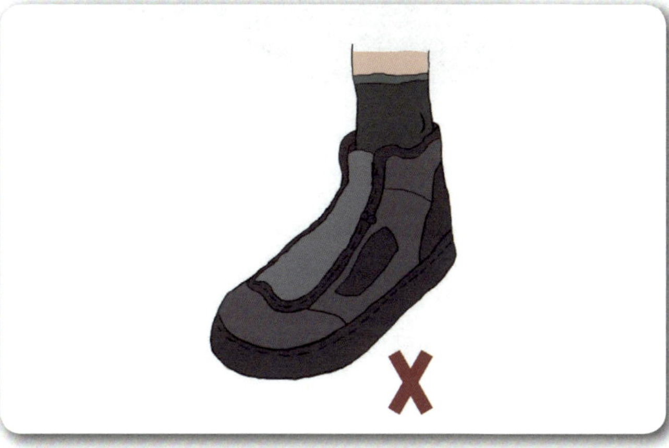

1. 保护足趾鞋（靴）

受过一次重物坠落或砸压损伤的保护足趾鞋（靴）不应继续使用。

对于存在重物坠落或压脚的作业环境，不同防护级别的保护足趾鞋（靴）的防砸功能应在防护范围内进行使用。

2. 防静电鞋（靴）

不应在有电击风险的工作场所中使用，不应当作电绝缘鞋（靴）使用。

电绝缘鞋和防静电鞋的区别：

- 防静电鞋在鞋底加入防静电材料，能够把人体多余的电荷通过它导出人体，导向大地，避免电荷累积发生静电放电产生火花而造成事故。
- 电绝缘鞋鞋底采用不能导电的绝缘材料制成，通过鞋将人身与大地隔离，使得人身即便与导电体接触，也不会由于电流通过身体入地而发生触电事故。

3. 电绝缘鞋（靴）

（1）穿用时，在工作环境中应保持鞋面干燥。

（2）穿用电绝缘鞋（靴）时应避免接触锐器、高温物体及腐蚀性物质。鞋底被腐蚀或破损后，不能再用作电绝缘鞋（靴）穿用。

（3）若需在污染鞋底材料的场所穿用电绝缘鞋（靴），例如化学药品生产车间，在进入这类危险区域时，应在显要位置设置能影响鞋（靴）电绝缘性能的警告标志。

（4）每 6 个月进行定期电气预防性试验，合格后方可继续穿用。

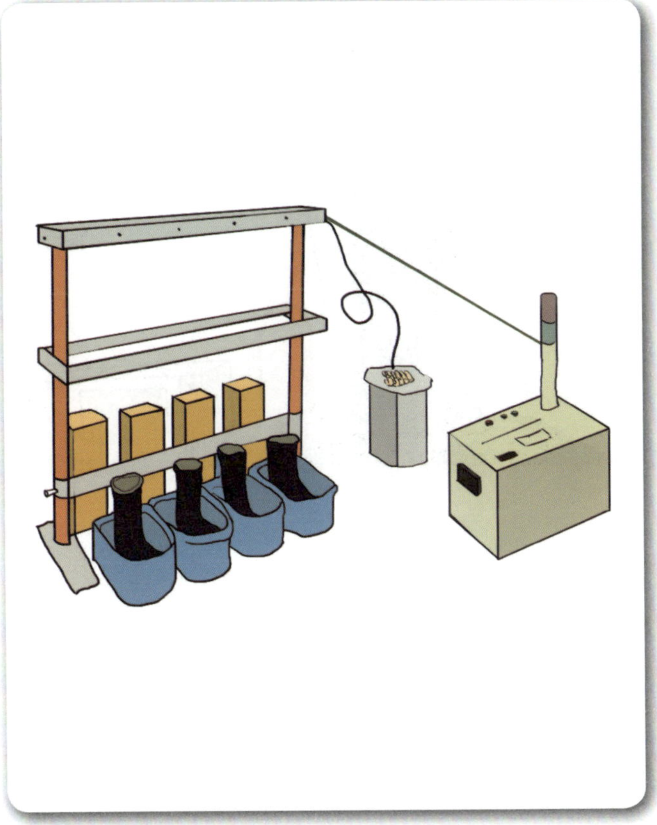

4. 耐化学品鞋（靴）

（1）在易燃易爆化学品作业中使用的鞋（靴），应同时具备防静电功能。

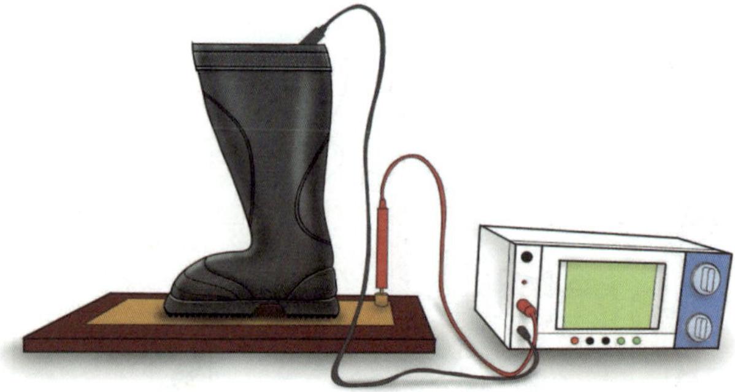

（2）每种防化学伤害鞋（靴）都有它的适用性，仅对某些化学品有防护作用，防护不同类型的化学品鞋（靴）不能混用。

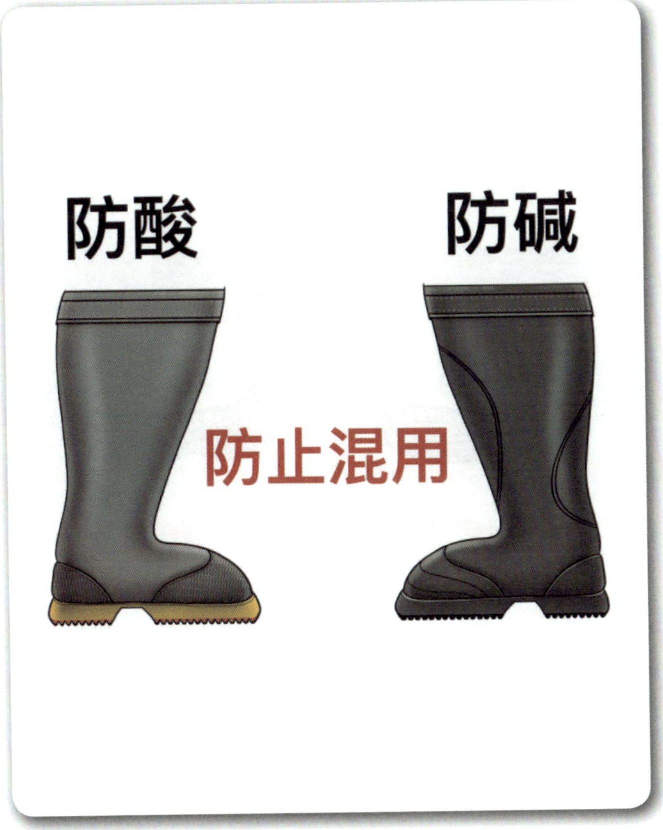

5. 高温防护鞋（靴）

高温防护鞋（靴）内的隔热层不应被移动。

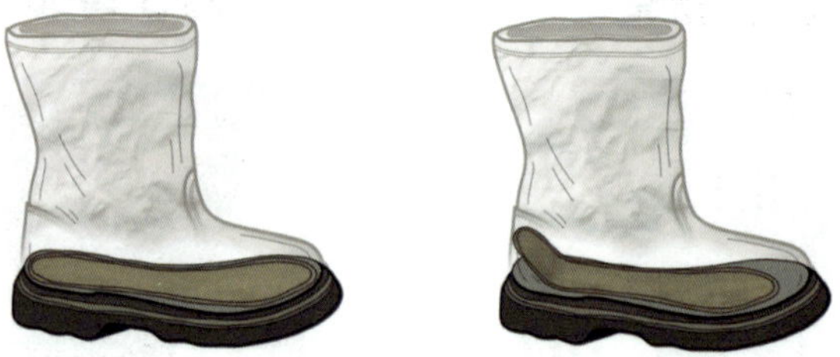

6. 防滑鞋（靴）

根据不同地面及环境条件，选择相应防滑性能的防护鞋（靴）。

7. 防振鞋（靴）

不宜在积水、高温或寒冷的极端环境中使用，避免影响鞋子的鞋座区域能量吸收性能。鞋座区域严重变形或损坏的鞋（靴）应及时更换。

8. 防油鞋（靴）

防油鞋（靴）应避免接触尖锐物品。防燃油与防动（植）物油的防油鞋（靴）不能混用，易燃易爆的油类区域应穿用具有防静电功能的防油鞋（靴）。

9. 防水鞋（靴）

在积水或滴水的潮湿环境中，应穿着全橡胶或全聚合材料的防水鞋（靴），应避免接触尖锐物品。

4 维护与保养

1. 检查、维护和储存

要按照使用说明书的有关内容和要求实施检查、维护和储存，并注意以下事项：

（1）不得擅自修改鞋的构造，如打洞、挖孔等。

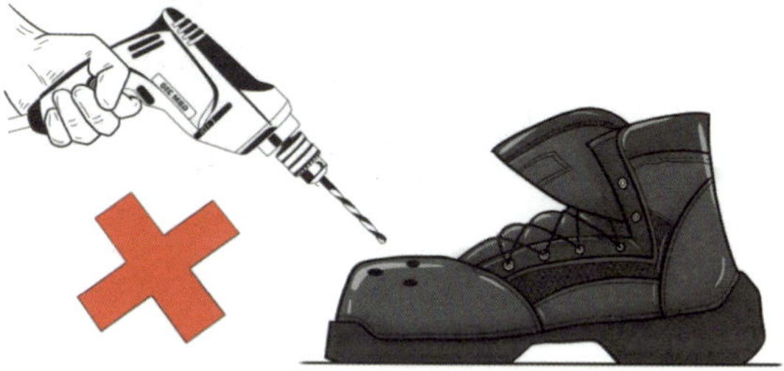

（2）在使用完后应进行清洁和定期保养，切勿在阳光下暴晒，保证鞋的功能正常。

（3）在恶劣环境中使用时，其使用有效期将会缩短。

（4）作业完成之后，潮湿的足部防护鞋（靴）和配件应放置在干燥通风处，但不应靠近热源，避免鞋（靴）过于干燥而导致龟裂。

（5）存放时，应储存于阴凉、干爽、通风的地方。

2. 判废条件

（1）外观缺陷检查出现以下特征的鞋（靴）应判废：

- 帮面出现明显裂痕，裂痕深及帮面厚度的一半；

- 帮面出现严重磨损、包头外露；

- 帮面变形、烧焦、融化或发泡，或头部部分裂开；

• 鞋（靴）底裂痕长度大于 10mm，深度大于 3mm；

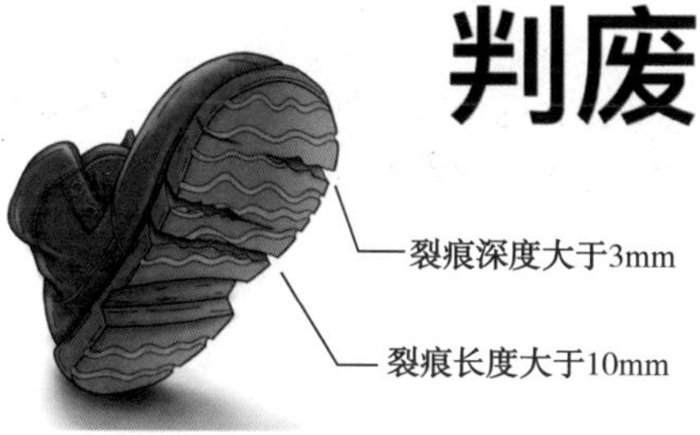

● 帮底结合处的裂痕长度大于 15mm 和裂痕深度大于 3mm；

● 出现其他影响鞋（靴）安全防护性能的情况。

（2）足部防护鞋（靴）在使用或保管储存期内遭到严重破损或超过有效使用期及储存期等。

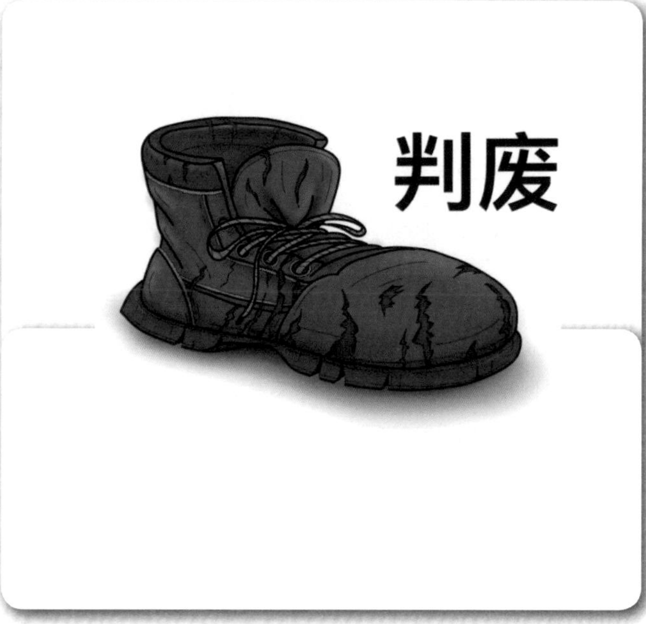

（3）所选用的足部防护鞋（靴）经定期检验或抽查为不合格。

（4）出现使用说明书中规定的其他判废条件。

5 典型事故案例

1. 某企业员工砸伤事故

事故经过：

某企业车间技术员程某安排吊车工刘某用桥式起重机将电机吊至备件处存放。电机吊起后，程某用手推动电机就位时，电机回摆，底座一角压在程某左脚小趾上，程某未穿劳动保护鞋，左脚小趾末端肌肉严重挤伤。

事故原因：

程某在吊运过程中用手直接扶吊物，未使用具有保护足趾功能的劳动保护鞋。

2. 某厂房员工触电事故

事故经过：

某工业园区电工刘某在维修电气时未穿戴劳动防护用品，操作时不慎踩到绝缘破损的带电导线，造成触电事故。

事故原因：

未穿戴电绝缘靴进行维修电气作业。